BEI GRIN MACHT SICH IHR WISSEN BEZAHLT

Bevor der Taschenrechner kam. Berechnungshilfsmittel früherer Zeiten bis zu den Taschenrechnern

Mit mathematischen Erläuterungen

Otto Praxl

Bibliografische Information der Deutschen Nationalbibliothek:

Die Deutsche Nationalbibliothek verzeichnet diese Publikation in der
Deutschen Nationalbibliografie; detaillierte bibliografische Daten sind
im Internet über http://dnb.d-nb.de abrufbar.

ISBN: 9783668188419
Dieses Buch ist auch als E-Book erhältlich.

© GRIN Publishing GmbH
Trappentreustraße 1
80339 München

Druck und Bindung: Books on Demand GmbH, Norderstedt Germany
Gedruckt auf säurefreiem Papier aus verantwortungsvollen Quellen

Das vorliegende Werk wurde sorgfältig erarbeitet. Dennoch
übernehmen Autoren und Verlag für die Richtigkeit von Angaben,
Hinweisen, Links und Ratschlägen sowie eventuelle Druckfehler keine
Haftung.

Das Buch bei GRIN: https://www.grin.com/document/319913

Otto Praxl

Bevor der Taschenrechner kam

Berechnungshilfsmittel früherer Zeiten bis zu den Taschenrechnern.

Mit mathematischen Erläuterungen.

Impressum des Verfassers

Verfasser:
Otto Praxl.

Internetseite:
www.praxelius.de

Urheberrecht:

Das Dokument ist urheberrechtlich geschützt.

Jede Verwertung außerhalb der gesetzlich zugelassenen Fälle bedarf einer vorherigen schriftlichen Vereinbarung mit dem Verfasser.

Alle Werknutzungsrechte liegen beim Verfasser. Alle Rechte vorbehalten!

Layout und Gestaltung (mit Microsoft WORD™ 2007):

Otto Praxl

Haftungsausschluss:

Im Text können auch Fehler enthalten sein. Für evtl. Fehler und daraus resultierende Nachteile übernimmt der Verfasser keine Haftung.

Bildnachweise:

Alle Fotos und Zeichnungen stammen vom Verfasser. Die auf den Fotos gezeigten Geräte sind Gebrauchsgegenstände im Eigentum des Verfassers. Alle Rechte vorbehalten.

Titelbild: Walther-Kurbelrechenmaschine WSR160.

Letztes Bearbeitungsdatum: 30.03.2016
Bearbeitungskennzeichen: C-66322-012
Anzahl der Wörter im Dokument: 9430

Inhaltsverzeichnis

1. Einleitung

1.1. Wie habt ihr denn früher gerechnet?

Oft wird man gefragt: Wie habt ihr eigentlich früher ohne Taschenrechner gerechnet?

Jawohl, wir haben noch Rechnen mit Bleistift auf dem Papier gelernt. Wir haben Addieren, Subtrahieren, Multiplizieren und Dividieren mit allen Tricks gelernt und angewandt. Und vor allem haben wir Kopfrechnen geübt. Manche heutigen Zeitgenossen sind ohne ihren Taschenrechner hilflos, selbst einfachste Aufgaben schaffen sie kaum durch Kopfrechnen.

Dabei zeichnet es einen jungen Menschen aus, wenn er nicht auf sein Smartphone in der Tasche angewiesen ist und auch unabhängig von diesem technischen Hilfsmittel frei denken und rechnen kann.

1.2. Geschichtliches

Die meisten alten Völker kannten schon Zahlensysteme und die vier **Grundrechenarten:**

- **Zusammenzählen** (Addieren)
- **Abziehen** (Subtrahieren)
- **Malnehmen** (Multiplizieren)
- **Teilen** (Dividieren).

Später kamen höhere Rechenarten hinzu. Zu diesen zählen Potenzrechnen, Wurzelziehen und Rechnen mit Logarithmen und Winkelfunktionen.

Konnte man die vier Grundrechenarten noch mit einfachen Mitteln durchführen, so erfordern die höheren Rechenarten schon tiefere mathematische Kenntnisse und Berechnungshilfsmittel, die man sich erst selbst herstellen musste. Der Bau der mechanischen Rechenmaschinen klappte erst dann, als man fähig war, diese Maschinen mit der nötigen Präzision herzustellen.

Wenn Zahlen und Funktionswerte einmal berechnet worden waren, wurden sie aufgeschrieben und zu Tabellen zusammengestellt, damit man sie nicht immer wieder neu berechnen musste. So besaßen die Babylonier bereits Tabellen von Quadratzahlen, Potenzen und Quadratwurzeln. Im Laufe der Zeit kamen Primzahlen, Kubikzahlen und Kubikwurzeln dazu. Derartige Tabellen wurden laufend erweitert und von Generation zu Generation weitergegeben. Diese Tabellen wurden bis in die Neuzeit hinein als „Allgemeine mathematische Zahlentafeln" in jedem Mathematikbuch und jedem technischen Tabellenwerk abgedruckt.

Im Mittelalter erfand man die Logarithmen, die man in dicken Büchern, Logarithmentafeln genannt, auflistete. Erst durch das Aufkommen der Taschenrechner wurden die genannten Tabellenwerke entbehrlich.

Die an der Entwicklungsgeschichte Interessierten finden im Buch von *Friedrich Naumann* „Vom Akakus zum Internet" die Geschichte der Informatik (Lit.[7]). Aber auch die alten Rechenhilfsmittel sind dort eingehend beschrieben.

Nachstehend sind einige wichtige alte Berechnungshilfsmittel abgehandelt, mit denen der Verfasser früher noch gearbeitet hat.

2. Römische Zahlen

2.1. Römischen Zahlzeichen

Auch Zahlzeichen (Ziffern) sind Hilfsmittel zum Rechnen.
Die Römer schrieben die Zahlen mit ihren eigenen Zahlzeichen, den römischen Ziffern:

Tabelle 1: Römische Ziffern

Zahlzeichen	Zahlenwert
I	1
V	5
X	10
L	50
C	100
D	500
M	1000

Wie diese Zahlzeichen entstanden sind, darüber gibt es unterschiedliche Meinungen.
Fest steht aber, dass **C** (= 100) dem lateinischen Wort *centum* (*hundert*) entspricht und **M** auf *mille* (*tausend*) hinweist.

2.2. Aufbau und Schreibweise der römischen Zahlen

1. Durch die römischen Zahlzeichen **I, X, C, M** werden die Grundzahlen der **Basis 10** (1, 10, 100, 1000) dargestellt.

2. Durch die römischen Zahlzeichen **V, L, D** wird jeweils das Fünffache der ersten drei Grundzahlen (5×1, 5×10, 5×100) dargestellt.

3. Das 2- bis 4-Fache dieser Grundzahlen wird durch Wiederholung (Nebeneinanderschreiben) der entsprechenden Grundzahlen dargestellt. Die Römer ließen bis zu vier gleiche Zeichen nebeneinander zu.

4. Zur Darstellung einer römischen Zahl werden diese Zahlzeichen ohne Zwischenraum nebeneinandergeschrieben, wobei das höherwertigere links steht. Da es nur 7 Zahlzeichen gibt, müssen größere Zahlen durch Multiplikation der Grundzahlen dargestellt werden: Ein übergesetzter Strich bedeutet das 1000-Fache und je ein Strich beidseits und über der Zahl bedeutet das 100000-Fache.

5. Die Werte aller nebeneinanderstehenden Zahlzeichen werden addiert. Dies ist die Additionsschreibweise der römischen Zahlen.

6. Ein Dezimalkomma und Nachkommastellen kannten die Römer noch nicht. Sie kannten nur ganze Zahlen und Brüche. Teile von ganzen Zahlen wurden durch Brüche dargestellt, die mit lateinischen Wörtern bezeichnet wurden.

2.3. Beispiele

2.3.1. Beispiele für Additionsschreibweise:

II	$= 1 + 1 = 2$
III	$= 1 + 1 + 1 = 3$
IIII	$= 1 + 1 + 1 + 1 = 4$

VI	$= 5 + 1 = 6$
VII	$= 5 + 1 + 1 = 7$
VIII	$= 5 + 1 + 1 + 1 = 8$
XI	$= 10 + 1 = 11$
CCCC	$= 100 + 100 + 100 + 100 = 400$
MMVI	$= 1000 + 1000 + 5 + 1 = 2006.$

Alle Grundzahlen aufsummiert ergeben:
$$\text{MDCLXVI} = 1000 + 500 + 100 + 50 + 10 + 5 + 1 = 1666.$$

Diese Darstellungsweise wird additive Zahlendarstellung (**Additionsschreibweise**) genannt, weil die Einzelwerte ohne Umrechnung addiert werden. Mit den römischen Zahlzeichen (**M, D, C, L, X, V, I**) können nur positive ganze Zahlen dargestellt werden. Eine Null kommt nicht vor.

Um die Zahlen auf dem Papier nicht zu lang werden zu lassen, wird zusätzlich innerhalb der römischen Zahl die **Subtraktionsschreibweise** verwendet: Steht eine kleinere Zahl unmittelbar vor einer größeren, so ist sie von dieser abzuziehen.

2.3.2. *Beispiele für Subtraktionsschreibweise:*

IV	$= V - I$	$= 5 - 1 = 4$
IX	$= X - I$	$= 10 - 1 = 9$
XIX	$= X + (X - I)$	$= 10 + (10 - 1) = 10 + 9 = 19$
IL	$= L - I$	$= 50 - 1 = 49$
IC	$= C - I$	$= 100 - 1 = 99$
CD	$= D - C$	$= 500 - 100 = 400.$

2.3.3. *Beispiele für größere Zahlen:*

$\overline{\text{II}}$	$= 1000 \times 2$	$= 2\,000$
$\overline{\text{M}}$	$= 1000 \times 1000$	$= 1\,000\,000$
$\overline{\text{D}}$	$= 1000 \times 500$	$= 500\,000$
$|\overline{\text{X}}|$	$= 100\,000 \times 10$	$= 1\,000\,000$
$\overline{\text{XXV}}$	$= 1000 \times 25$	$= 25\,000;$
$|\overline{\text{XXV}}|$	$= 100\,000 \times 25 = \overline{\text{MMD}} = 1000 \times 2\,500 = 2\,500\,000$	

3. Dezimalzahlen

Der Ursprung unserer heutigen Zahlzeichen (Ziffern) ist Indien. Die Inder kannten schon im 8. Jahrhundert n. Chr. die Ziffern 1 bis 9 und die Null, die als kleiner Kreis dargestellt wurde. Mit den Arabern kamen diese Ziffern über Spanien nach Europa (**arabische Ziffern** genannt). Dies ermöglichte die Stellenschreibweise unseres Zählsystems (Stellenwert-Zehnersystem, auch **Dezimalsystem** genannt).

Das Rechnen im Zehnersystem (Dezimalsystem) war schon im Altertum bekannt. Auch das Zahlensystem der Römer ist ein Dezimalsystem.

Die Römer hatten damals ihre eigenen Zahlzeichen (siehe 2.1), unsere 10 Dezimalziffern (0, 1, 2, 3, 4, 5, 6, 7, 8, 9) standen ihnen noch nicht zur Verfügung. Aber sie verwendeten schon die Stellenschreibweise.

Bei dieser **Stellenschreibweise** ist es von Bedeutung, wo die Ziffer innerhalb der Zahl steht (Positionssystem, Stellenwertsystem).

Eine Dezimalzahl wird durch Nebeneinanderschreiben von Ziffern dargestellt. Je nachdem, an welcher Stelle eine Ziffer innerhalb der Zahl steht, repräsentiert sie das entsprechende Vielfache des betreffenden Stellenwerts.

Der Stellenwert jeder Ziffer kann in Potenzschreibweise mit Basiszahl (10) und Exponenten angegeben werden.

Beispiel:

Dezimalzahl 876,54 in Stellenschreibweise:

Die Ziffer 6 steht an erster Stelle links vom Komma, sie zeigt das Sechsfache des Stellenwerts 1 (Einer-Stelle) an: $6 \times 1 = 6$.

Die Ziffer 7 steht an zweiter Stelle links vom Komma, sie zeigt das Siebenfache des Stellenwerts 10 (Zehnerstelle) an: Also repräsentiert sie den Wert $7 \times 10 = 70$.

Die Ziffer 8 steht an dritter Stelle links vom Komma, sie zeigt das Achtfache des Stellenwerts 100 (Hunderterstelle) an: Also repräsentiert sie den Wert $8 \times 100 = 800$.

Stellen rechts vom Komma repräsentieren Dezimalbrüche:
an der ersten Kommastelle den Wert $10^{-1} = {}^1/_{10}$,
an der zweiten Kommastelle den Wert $10^{-2} = {}^1/_{100}$.

Tabelle 2: Stellenschreibweise einer Dezimalzahl

Stellenwert in Dezimalschreibweise	100	10	1	${}^1/_{10}$	${}^1/_{100}$
Stellenwert in Potenzschreibweise	10^2	10^1	10^0	10^{-1}	10^{-2}
Ziffernwert als Vielfaches des Stellenwerts	8	7	6	5	4

Der Zahlenwert ergibt sich aus der Summierung der Produkte aus Stellenwert und Ziffernwert jeder Stelle: $8 \times 10^2 + 7 \times 10^1 + 6 \times 10^0 + 5 \times 10^{-1} + 4 \times 10^{-2} = 876,54$. Dieser Zahlenwert wird durch die Schreibweise 876,54 direkt ausgedrückt, ohne dass gerechnet werden muss.

4. Abakus

4.1. Allgemeine Beschreibung

Der Abakus als Hilfsgerät für die vier Grundrechenarten ist seit Jahrtausenden bekannt. Ursprünglich wurden Steinchen (lat.: *calculi*) auf einem Brett (Rechenbrett) verwendet, später wurden kunstvolle Geräte daraus. Im Orient heißt er *Suapan*.

Dort wird er heute noch verwendet. Es gibt die verschiedensten Modelle des Abakus, die sich in Größe und Materialqualität unterscheiden.

Bild 1: Abakus

Bild 1 zeigt einen chinesischen Abakus in Messingausführung auf Marmorplatte, 80×45 mm groß. Der Abakus im Bild zeigt die Zahl 1986.
In der Bedienungsanleitung [3] aus dem Jahre 1972 ist zu lesen (Zitat):

Er ist eine Rechenmaschine der einfachsten Form. Obwohl er nicht ein so hervorragender ‚Diener' ist wie eine moderne Maschine, so ist er doch viel billiger. Jede chinesische Firma, nahezu jeder einzelne Chinese, ob arm oder reich, ob jung oder alt, besitzt einen. Der chinesische Abacus addiert, subtrahiert, multipliziert und dividiert auf eine einfache und schnelle, aber doch genaue Weise. Nur die Kugeln sind zu bewegen. Die Wissenschaft des Abacus kann über Nacht gelehrt werden, sein Gebrauch ist eine Kunst. Er benötigt viel Übung. Sicherheit kommt durch dauernden Gebrauch ... (Zitatende).

Der Abakus ist eine praktische Vorrichtung, mit der schnell addiert und subtrahiert werden kann. Multiplikationen werden durch wiederholte Additionen, und Divisionen durch wiederholte Subtraktionen für jede Stelle der Zahl ausgeführt.

Nach der Einführung der Taschenrechner sind Schnelligkeits- und Genauigkeitswettbewerbe zwischen Taschenrechnern und Abakus durchgeführt worden. Aufgaben mit Kettenrechnungen, also mehreren hintereinander auszuführenden Vorgängen, waren zu bewältigen. Der Abakus gewann. Nachteile hat er bei Multiplikationen und Divisionen, die etwas aufwendiger sind als Additionen und Subtraktionen.

4.2. Das Rechenbrett (Abakus) der Römer

Obwohl die römischen Zahlen für das Rechnen auf dem Papier nicht vorteilhaft sind, so ist das Zahlensystem der Römer doch ein vollwertiges Dezimalsystem (Zehnersystem).

Um das Rechnen zu vereinfachen und zu mechanisieren, haben die Gelehrten den **Abakus** (lat.: *abacus Rechenbrett, Rechentisch, Abakus*) entwickelt, auf dem die Zahlen übersichtlich durch senkrechtes und waagrechtes Nebeneinanderlegen von Steinchen (lat.: *calculus, Steinchen, Rechenstein, Rechnung*) dargestellt werden können. Von diesen Steinchen (Plural), lat. *calculi*, leitet sich auch das Wort „kalkulieren" ab.

Der Abakus ist ein Rechengerät, das für das Rechnen mit Stellenwerten gut geeignet ist. Für dieses Gerät ist es unerheblich, mit welcher Art Ziffern eine Zahl auf dem Papier dargestellt wird.

Mit dem Abakus lassen sich die vier Grundrechenarten (Addition, Subtraktion, Multiplikation und Division) durchführen.

Das Rechnen mit römischen Zahlen mag zwar auf dem Papier beschwerlich sein, mit dem Abakus lässt es sich wesentlich vereinfachen und beschleunigen, weil anstatt mit Ziffern nur mit Vielfachen der Stellenwerte gerechnet wird. Die Handhabung des Abakus muss erlernt werden, dafür gab es eigene Rechenlehrer (lat.: *calculator, Rechenlehrer*).

Ursprünglich wurde mit Steinchen auf einem Brett gerechnet, später wurden Geräte gebaut, die in der Tasche Platz hatten (siehe Bild 1). Dieser Abakus war der Vorläufer eines einfachen Taschenrechners.

4.3. Prinzip des Abakus

Im Prinzip genügen, wenn kein Gerät zur Hand ist, einige Striche im Sand und einige Steinchen. Senkrechte Striche dienen als Kennzeichnung der Stellen und ein gerader Stock dient als waagrechte Trennlinie (Querbalken) zwischen den Fünfer- und Einergruppen. Für jede Dezimalstelle werden 7 Steinchen verwendet, zwei Fünfer-Steinchen über dem Querbalken und fünf Einer-Steinchen unter dem Querbalken. Dadurch kann der Abakus für jedes Dezimalsystem verwendet werden.

Beim Abakus werden die Zahlenwerte nach folgender Tabelle zugeordnet, wobei die dicke Linie den Querbalken darstellt. Die Stellenzahl kann beliebig nach links erweitert werden.

Tabelle 3: Stellenwerte beim Abakus

	Hunderttausender	Zehntausender	Tausender	Hunderter	Zehner	Einer
Je zwei Steinchen pro Stelle im oberen Teil	$\overline{D}$ =500000	$\overline{L}$ =50000	$\overline{V}$ =5000	D=500	L=50	V=5
Je 5 Steinchen pro Stelle im unteren Teil	$\overline{C}$ =100000	$\overline{X}$ =10000	M=1000	C=100	X=10	I=1

Die Steinchen oberhalb des Querbalkens stellen die fünffachen Werte der unterhalb des Querbalkens befindlichen Steinchen dar.

In der Einerstelle stehen unten die Einer und oben die Fünfer, in der Zehnerstelle stehen unten die Zehner und oben die Fünfziger, für die weiteren Stellen gilt dasselbe Prinzip der Zehnerpotenzen (unten) und ihres Fünffachen (oben).

Wenn die Steinchen am Querbalken anliegen, haben sie den zugewiesenen Wert, liegen sie außen (vom Querbalken nach oben oder unten abgerückt), werden sie nicht gezählt, haben also den Wert null. Beim Rechnen ergibt sich ein Übertrag in die nächsthöhere Stelle, wenn die Stelle „überläuft". Reicht die Stellenanzahl nicht aus, können mehrere dieser Geräte nebeneinander gelegt werden.

5. Kurbelrechenmaschinen

Kurbelrechenmaschinen beherrschen die 4 Grundrechenarten.

5.1. Geschichtliches

In der folgenden Tabelle werden einige Meilensteine in der Entwicklung der mechanischen Rechenmaschinen aufgezeigt.

Tabelle 4: Entwicklung der mechanischen Rechenmaschinen

Jahr	Ereignis
1623	*Wilhelm Schickard*, Astronom und Professor für biblische Sprachen an der Tübinger Universität, entwickelte eine mechanische Rechenmaschine für die vier Grundrechenarten, mit der Berechnungen astronomischer Tafeln und Logarithmen vorgenommen wurden. Diese „Rechenuhr" steht heute im Deutschen Museum in München.
1641	*Blaise Pascal* entwickelte eine Addier- und Subtrahiermaschine für seinen Vater, der Steuereinnehmer war und viel rechnen musste.
1671	*Gottfried Wilhelm Leibniz* (1646-1716) erfand eine Rechenmaschine für die vier Grundrechenarten.
1774	*Philipp Matthäus Hahn* (1739-1790), ein schwäbischer Pfarrer und ein hervorragender Uhrmacher, entwickelte eine Rechenmaschine, die erstmals zuverlässig arbeitete. Mit seiner Erfindung war die Entwicklung der mechanischen Rechenmaschinen praktisch abgeschlossen. Die Maschinen seiner Vorgänger hatten wegen fehlender Präzision bei der Herstellung schlecht oder gar nicht funktioniert.

5.2. *Bauweise der Kurbelrechenmaschinen*

Das Prinzip des Abakus, Multiplikationen durch wiederholte Additionen und Divisionen durch wiederholte Subtraktionen auszuführen, gilt auch für die Kurbelrechenmaschinen.

Bild 2 zeigt die sechzehnstellige Kurbelrechenmaschine **Walther WSR 160** (WSR = Walther Schnellrechenmaschine) aus dem Jahre 1963. Diese Maschine wurde damals als Schnellrechenmaschine bezeichnet (Lit. [4]), weil sie über die roten Tasten eine Rückübertragung des berechneten Ergebnisses in das Einstellwerk ermöglicht. Dadurch wird bei Kettenrechnungen die Eingabe des vorher berechneten Ergebnisses eingespart.

Im **Einstellwerk** wird je einen Einstellhebel und für das **Ergebniswerk** je ein Zahnrad mit den Ziffern 0 bis 9 für jede Stelle verwendet. Bei jeder **Kurbelumdrehung** vorwärts erfolgt eine Addition und bei jeder Kurbelumdrehung rückwärts eine Subtraktion. Das heißt, bei jeder Kurbelumdrehung wird die Zahl im Ergebniswerk verändert, entsprechend der im Einstellwerk vorhandenen Einstellung. Bei Multiplikation und Division ist der **Schlitten**, der den **Umdrehungszähler** und das Ergebniswerk enthält, um eine Stelle zu verschieben. Dies geschieht mit den Tasten neben der Kurbel.

Bei Multiplikation ist die Anzahl der Kurbelumdrehungen von der Quersumme des Multiplikators abhängig. Zum Beispiel sind bei der Multiplikation mit der Zahl 789 insgesamt $7 + 8 + 9 = 24$ Kurbelumdrehungen notwendig. Zusätzlich ist für jede Dezimalstelle eine Schlittenverschiebung notwendig. Man kann auch den Umdrehungszähler auf „790" kurbeln und dann bei den Einern eine Kurbelumdrehung rückwärts durchführen, sodass auch wieder „789" im Umdrehungszähler steht, aber nur 17 Kurbelumdrehungen erforderlich sind.

Bild 2: Walther-Kurbelrechenmaschine WSR 160

Bild 3 zeigt das Innere dieser Maschine.

Bild 3: Ansicht der inneren Mechanik der Walther WSR160

5.3. Das Arbeiten mit der Kurbelrechenmaschine

Das Rechnen mit den Kurbelrechenmaschinen, kurz „Kurbelmaschinen" genannt, ist eine lärmerzeugende Arbeit. Der Lärmpegel ist so hoch wie bei einer Schreibmaschine. Die Hand-Kurbel wurde später durch einen kleinen Elektromotor ersetzt. Durch entsprechenden Tasten-druck wurde die Vorwärts- bzw. Rückwärtsumdrehung des Motors gestartet. Dadurch stieg der Lärmpegel, weil die innere Mechanik der Maschinen gleich geblieben war und diese nun durch den Motor schneller bewegt wurde. Zur Vermeidung von Körperschall auf den Tisch sollte man eine Gummidecke oder Ähnliches darunter legen.

Bild 4: Prinzip der Kurbelrechenmaschine

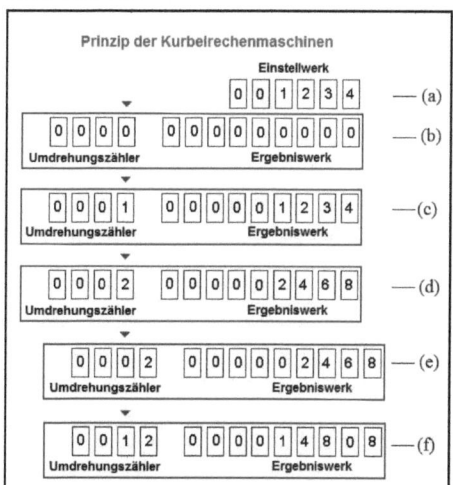

Beispiel:
Bild 4 zeigt (hier nur 9-stellig) den Berechnungsvorgang für die Multiplikation 1234 · 12.

Berechnungsvorgang für 1234 · 12

a) Mit den Ziffernhebeln wird die Zahl 1234 im Einstellwerk eingestellt.
b) Umdrehungszähler und Ergebniswerk werden über den unteren roten Hebel auf null gestellt.
c) Mit einer Kurbelumdrehung erhöht sich der Umdrehungszähler an der mit blauem Dreieck markierten Dezimalstelle auf den Wert 1. Im Ergebniswerk erscheint gleichzeitig das Zwischenergebnis 1234.
d) Mit der zweiten Kurbelumdrehung erhöht sich der Umdrehungszähler an der mit blauem Dreieck markierten Dezimalstelle auf den Wert 2. Im Ergebniswerk erscheint gleichzeitig das Zwischenergebnis 2468.
e) Für die Zehnerstelle des Umdrehungszählers muss der Schlitten (blau umrandet) um eine Stelle nach rechts verschoben werden.
f) Die dritte Kurbelumdrehung bewirkt die Erhöhung der Zehnerstelle des Umdrehungszählers um 1. Im Ergebniswerk erscheint das Ergebnis 1234 · 12 = 12340 + 2468 =14808.

5.4. Wurzelziehen mit der Kurbelrechenmaschine

Auch Wurzelziehen ist mit der Kurbelrechenmaschine möglich. Dafür gibt es zwei Verfahren:

5.4.1. Iterative Methode

Bei der iterativen Methode ist der Wurzelwert zu schätzen und mit dem geschätzten Wert die Probe auf der Maschine zu machen. Ist das Ergebnis der Probe zu groß oder zu klein, wird der Wert der geschätzten Wurzel angepasst und der Vorgang so oft wiederholt, bis die erwünschte Genauigkeit erreicht ist.

Das funktioniert nicht nur bei Quadratwurzeln, sondern auch bei dritten und höheren Wurzeln. Es ist eine mühsame Arbeit, auf diese Weise Wurzeln zu berechnen.

5.4.2. Direktes Wurzelziehen

Speziell für die Quadratwurzel gibt es ein direktes Verfahren für die Kurbelrechenmaschine nach *Prof. Töpler*. Dieses beruht auf der Tatsache, dass beim fortlaufenden Addieren der ungeraden Zahlen 1 + 3 + 5 + ... immer eine Quadratzahl herauskommt. Die Summe aus den ersten n ungeraden Zahlen >0 ergibt immer n^2.

Beispiel: Die ersten 9 ungeraden Zahlen aufsummiert:
$1 + 3 + 5 + 7 + 9 + 11 + 13 + 15 + 17 = 9^2 = 81.$

Bild 5 zeigt den Aufbau der Quadrate aus den ungeraden Zahlen. Die farblich unterschiedlich hinterlegten Felder haben die am unteren Rand angegebene Anzahl von Einheitsquadraten, die jeweils oben und rechts an das vorhandene Quadrat angefügt werden.

Begonnen wird mit der ungeraden Zahl $n = 1$.

Die jeweils nächste Quadratzahl wird nach der Formel gebildet:

$$\boxed{(n+1)^2 = n^2 + 2 \cdot n \cdot 1 + 1^2 = n^2 + (2 \cdot n + 1)}$$

$2n+1$ ist immer eine ungerade Zahl.

Bild 5: Aufbau der Quadratzahlen

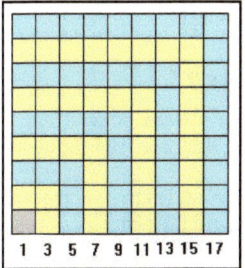

1 3 5 7 9 11 13 15 17

Nach diesem Prinzip muss sich auch umgekehrt beim Subtrahieren der ungeraden Zahlen 1 bis *n* von einer Zahl die Quadratwurzel *n* dieser Zahl ergeben.

Mit einer sechzehnstelligen Maschine ergeben sich nach dieser Methode Quadratwurzeln mit maximal acht signifikanten Stellen, 7 Stellen davon sind genau.

Der Berechnungsvorgang für die Quadratwurzel nach Prof. Töpler wird hier nicht beschrieben.

6. Allgemeine mathematische Zahlentafeln

Mathematische Zahlentafeln waren früher sehr beliebte Hilfsmittel, denn darin waren alle Zahlenwerte zu finden, die sonst mühsam selbst berechnet werden müssten. Sie waren in jedem größeren mathematischen Lehrbuch und auch in den technischen Tabellenwerken abgedruckt. Am bekanntesten ist die bereits erwähnte *Allgemeine mathematische Zahlentafel* mit den Primzahlen, Potenzen, Wurzeln, natürlichen Logarithmen, Reziprokwerten, Kreisumfängen und Kreisflächen.

Eigene Zahlentafeln gibt es für die Logarithmen (siehe unten), Exponentialfunktionen e^x und e^{-x}, trigonometrischen Funktionen **sin, cos, tan** und **cot**, Hyperbelfunktionen **sinh, cosh, tanh** und **coth** und Umrechnungstabellen für die Winkelmaße jeweils von **Grad** (°, früher als Altgrad bezeichnet, engl.: degree), **Gon** (^{g}, früher als Neugrad bezeichnet) und **Radiant** (rad = Bogenmaß) in Grad, Minuten und Sekunden und umgekehrt.

Die meisten dieser Zahlentafeln sind mit der Einführung der technisch-wissenschaftlichen Taschenrechner entbehrlich geworden.

Einen großen Vorteil hatten diese Tafeln: Man konnte sie in beiden Richtungen verwenden. Inverse Funktionen (z.B. für **sin** den **arcsin**) ergaben sich durch die umgekehrte (inverse) Benutzung der Tabellen. Wenn die gewünschten Zahlen zwischen den Tabellenwerten lagen, musste interpoliert werden.

7. Logarithmentafeln

7.1. Warum Logarithmen?

Bei Verwendung von Logarithmen können komplizierte Berechnungen, die nicht elementar (mit Bleistift auf Papier) lösbar sind, auf Additionen und Multiplikationen von Logarithmen zurückgeführt werden.
Mit den Logarithmen wird die Rechenstufe um 1 herabgesetzt:
Multiplikationen werden durch Additionen,
Divisionen durch Subtraktionen,
Potenzen durch Multiplikationen und
Wurzeln durch Divisionen
der Logarithmen der betreffenden Zahlen berechnet.

7.1.1. Geschichtliches

Im Mittelalter lag die Entwicklung der Logarithmen „in der Luft". *Lord John Napier of Merchiston* (1550-1617, ein schottischer Mathematiker, auch *Neper* genannt) veröffentlichte im Jahre 1614 seine Logarithmen. Zusammen mit dem Londoner Professor *Henry Briggs* (1556 - 1630) führte er die dekadischen Logarithmen (auch Briggsche oder Zehner-Logarithmen genannt) ein. Nach *Nepers* Tod vollendete *Briggs* die Berechnungen und veröffentlichte 1624 seine 14-stelligen Logarithmen der Zahlen 1 bis 20000 und 90000 bis 100000.

Die fehlenden Logarithmen berechneten später *Ezechiel de Decker* und *Adrian Vlacq*. Im Jahre 1627 erschien ihre erste vollständige Logarithmentafel.

Unabhängig davon entwickelte *Jost Bürgi* (1552 - 1632), ein Schweizer Uhrmacher, aus den Arbeiten zur Zinseszinsberechnung von *Simon Stevin* (1548 - 1620) angenähert natürliche Logarithmen, die 1620 in Prag veröffentlicht wurden. Diese Logarithmen wurden in Tabellen aufgereiht und als Logarithmentafeln herausgegeben.

7.1.2. Grundlagen der Logarithmen

Die Logarithmen wurden entwickelt, weil das Potenzieren und das Wurzelziehen mit beliebigen Dezimalzahlen mit den damals vorhandenen Mitteln nicht möglich waren, weder mit Bleistift auf Papier noch mit den Kurbelrechenmaschinen.

An sich ist die Basis der Logarithmen frei wählbar. Die dekadischen oder Zehner-Logarithmen **log** x (Basis 10) sind allgemein bekannt. Dazu gibt es noch die natürlichen Logarithmen **ln** x (= logarithmus naturalis, Basis e = 2,71828182846...). Man kann jeden Logarithmus in jede andere Basis durch einfache Multiplikation oder Division umrechnen. Aus der Umkehrung der Zehnerpotenzen $10^n = b$ ergeben sich die dekadischen oder Zehner-Logarithmen $n = \log b$. Sollen zwei Zahlen $a \cdot b$ multipliziert werden, so werden ihre Logarithmen addiert. Die Summe dieser Logarithmen ist der Logarithmus des Produktes dieser beiden Zahlen. Zu diesem Logarithmus wird die zugehörige Zahl c aus einer Logarithmentafel gesucht.

Aufgabenstellung: $a \cdot b = c$

1. Schritt:	Aufsuchen der Logarithmen von a und b und Addition derselben: $\log(a \cdot b) = \log a + \log b = \log c$
2. Schritt:	Zum berechneten Logarithmus **log** c wird in der Logarithmentafel der zugehörige Numerus (Zahl) für c herausgesucht: $c = 10^{(\log a + \log b)} = 10^{\log(a \cdot b)} = a \cdot b$

Für Multiplikationen und Divisionen sind normalerweise keine Logarithmen nötig, sie können genauer und schneller mit Bleistift auf Papier oder mit einer Kurbelrechenmaschine durchgeführt werden. Die Vorteile der Logarithmen liegen jedoch im Potenzieren und Wurzelziehen mit beliebigen Dezimalzahlen.

Sollen zwei Zahlen a und b potenziert werden, so multipliziert man den Logarithmus der Basis mit dem Exponenten.

Aufgabenstellung: $a^b = c$

1. Schritt:	Aufsuchen des Logarithmus der Basis a und Multiplikation mit dem Exponenten b: $\log a^b = b \cdot \log a = \log c$
2. Schritt:	Zum berechneten Logarithmus der **log** c wird in der Logarithmentafel der zugehörige Numerus (Zahl) für c herausgesucht: $c = 10^{\log c} = 10^{(b \cdot \log a)} = a^b$

7.1.3. Logarithmentafel mit fünfstelligen Logarithmen

Logarithmentafeln füllen dicke Bücher, besonders bei höherstelligen Logarithmen. Auch die *Logarithmen der Werte der trigonometrischen Funktionen* und die *Allgemeinen mathematischen Zahlentafeln* (siehe oben) sowie Interpolationstabellen für die Interpolation der Zahlen und Logarithmen sind in diesen Büchern zu finden.

Nachstehendes Bild 6 zeigt einen Auszug aus der alten, vergilbten fünfstelligen Loarithmentafel (Quelle: Lit.[1]), die der Verfasser bis zum Aufkommen der Taschenrechner verwendet hat.

Erläuterungen:
Numeruswerte [N.] sind die Zahlen, deren Logarithmenwerte [L.] in der Tabelle angegeben sind. Die linken beiden Stellen von **L.** sind der Übersichtlichkeit halber nur am Beginn der Seite und beim Tausenderwechsel in der Tabelle angegeben.

Der Tausenderwechsel (= Sprung zum nächsten Tausenderbereich, z.B. von 38987 zu 39005) wird innerhalb der Tafel durch den Farbwechsel der Zahlenfelder von weiß auf farblich unterlegt oder umgekehrt angezeigt.

P.P. (Partis Proportionalis) sind Hilfstabellen, um aus den Differenzen zweier Werte die genauen Werte interpolieren zu können, falls diese zwischen die ausgedruckten Zahlen fallen.

Beispiele zu Numerus und Logarithmus:

Kommas und Kommastellen werden in den Logarithmentafeln nicht angegeben, weil **N.** und **L.** verschiedene Werte repräsentieren können, wie die folgenden Tabellen zeigen:

Tabelle 5: Numerus 2000

N. = 2000	L. = 30103
Zahl = 2,000	**log** 2,000 = 0,30103
Zahl = 20,00	**log** 20,00 = 1,30103
Zahl = 200,0	**log** 200,0 = 2,30103

Tabelle 6: Numerus 2444

N. = 2444	L. = 38810
Zahl = 2,444	**log** 2,444 = 0,38810
Zahl = 24,44	**log** 24,44 = 1,38810
Zahl = 244,4	**log** 244,4 = 2,38810

Das Rechnen mit einer 5-stelligen Logarithmentafel ist nicht sehr genau. Vergleicht man diese Logarithmen mit 20-stelligen Logarithmen, dann ergeben sich für die oben gewählten Beispiele:

N. = 2000   **L.** = 30102999566398119522
N. = 2444   **L.** = 38810120157051662405.

Bild 6: Auszug aus einer fünfstelligen Logarithmentafel für die Werte N = 2000 bis 2500

1 6   Num. 2000 ··· 2509 ❖ Log. 30 103 ··· 39 950

N.	L. 0	1	2	3	4	5	6	7	8	9	P. P.
200	30 103	125	146	168	190	211	233	255	276	298	
201	320	341	363	384	406	428	449	471	492	514	
202	535	557	578	600	621	643	664	685	707	728	
203	750	771	792	814	835	856	878	899	920	942	
204	963	984	006	027	048	069	091	112	133	154	
205	31 175	197	218	239	260	281	302	323	345	366	
206	387	408	429	450	471	492	513	534	555	576	22 21
207	597	618	639	660	681	702	723	744	765	785	1 · 2,2 · 2,1
208	806	827	848	869	890	911	931	952	973	994	2 · 4,4 · 4,2
209	32 015	035	056	077	098	118	139	160	181	201	3 · 6,6 · 6,3
210	222	243	263	284	305	325	346	366	387	408	4 · 8,8 · 8,4
											5 · 11,0 · 10,5
211	428	449	469	490	510	531	552	572	593	613	6 · 13,2 · 12,6
212	634	654	675	695	715	736	756	777	797	818	7 · 15,4 · 14,7
213	838	858	879	899	919	940	960	980	001	021	8 · 17,6 · 16,8
214	33 041	062	082	102	122	143	163	183	203	224	9 · 19,8 · 18,9
215	244	264	284	304	325	345	365	385	405	425	
216	445	465	486	506	526	546	566	586	606	626	
217	646	666	686	706	726	746	766	786	806	826	
218	846	866	885	905	925	945	965	985	005	025	
219	34 044	064	084	104	124	143	163	183	203	223	
220	242	262	282	301	321	341	361	380	400	420	
											20 19
221	439	459	479	498	518	537	557	577	596	616	1 · 2,0 · 1,9
222	635	655	674	694	713	733	753	772	792	811	2 · 4,0 · 3,8
223	830	850	869	889	908	928	947	967	986	005	3 · 6,0 · 5,7
224	35 025	044	064	083	102	122	141	160	180	199	4 · 8,0 · 7,6
225	218	238	257	276	295	315	334	353	372	392	5 · 10,0 · 9,5
226	411	430	449	468	488	507	526	545	564	583	6 · 12,0 · 11,4
227	603	622	641	660	679	698	717	736	755	774	7 · 14,0 · 13,3
228	793	813	832	851	870	889	908	927	946	965	8 · 16,0 · 15,2
229	984	003	021	040	059	078	097	116	135	154	9 · 18,0 · 17,1
230	36 173	192	211	229	248	267	286	305	324	342	
231	361	380	399	418	436	455	474	493	511	530	
232	549	568	586	605	624	642	661	680	698	717	
233	736	754	773	791	810	829	847	866	884	903	
234	922	940	959	977	996	014	033	051	070	088	
235	37 107	125	144	162	181	199	218	236	254	273	18 17
236	291	310	328	346	365	383	401	420	438	457	1 · 1,8 · 1,7
237	475	493	511	530	548	566	585	603	621	639	2 · 3,6 · 3,4
238	658	676	694	712	731	749	767	785	803	822	3 · 5,4 · 5,1
239	840	858	876	894	912	931	949	967	985	003	4 · 7,2 · 6,8
240	38 021	039	057	075	093	112	130	148	166	184	5 · 9,0 · 8,5
											6 · 10,8 · 10,2
241	202	220	238	256	274	292	310	328	346	364	7 · 12,6 · 11,9
242	382	399	417	435	453	471	489	507	525	543	8 · 14,4 · 13,6
243	561	578	596	614	632	650	668	686	703	721	9 · 16,2 · 15,3
244	739	757	775	792	810	828	846	863	881	899	
245	917	934	952	970	987	005	023	041	058	076	
246	39 094	111	129	146	164	182	199	217	235	252	
247	270	287	305	322	340	358	375	393	410	428	
248	445	463	480	498	515	533	550	568	585	602	
249	620	637	655	672	690	707	724	742	759	777	
250	794	811	829	846	863	881	898	915	933	950	
N.	L. 0	1	2	3	4	5	6	7	8	9	P. P.

7.1.4. Beispiel für eine logarithmische Berechnung:

$x = a^b = 2{,}5^{3,5}$

Heutzutage ist die Berechnung über Logarithmen überflüssig geworden, weil der Taschenrechner wesentlich genauer rechnet. Trotzdem wird nachfolgend gezeigt, wie man eine solche Berechnungen durchführt. Diese Berechnungsweise soll ja nicht in Vergessenheit geraten. Zur Berechnung wird der obige Auszug aus der Logarithmentafel verwendet.

1. Schritt: Logarithmus für $a = 2{,}5$ suchen

log 2,5 = 0,39794 (fünfstelliger Logarithmus, aus der Logarithmentafel zu entnehmen: **N.** = 2500, **L.** = 39794). Da die Zahl a = 2,5 zwischen 1 und 10 liegt, muss beim Logarithmus eine Null vor dem Komma sein.

2. Schritt: Logarithmus für die Ergebniszahl x berechnen: **log** $x = b \cdot$ **log** a

log x = 3,5 · **log** 2,5 = 3,5 · 0,39794 = 1,39279 (Berechnung mit Bleistift auf Papier). Die 1 vor dem Komma sagt aus, dass das Ergebnis zwischen 10 und 100 liegt.

3. Schritt: Zu log x die Zahl x aus der Tafel ermitteln

Der Teil nach dem Komma von **log** x = **1,39279** wird in der Logarithmentafel gesucht und dazu der Numerus (die Zahl) aus der Tafel abgelesen, er liegt zwischen **N.** = 2470 mit **L.** = 39270 und **N.** = 2471 mit **L.** = 39287. Die Interpolation (9/17 = 0,53) ergibt zwei weitere Stellen: 53, wobei die letzte .Stelle gerundet ist. Der Numerus beträgt also 247053. Jetzt muss nur noch das Komma richtig gesetzt werden. Da die Zahl x zwischen 10 und 100 liegen muss, gehört der Logarithmus 1,39279 zur Zahl 24,7053. Die letzte Stelle ist gerundet.

Ergebnis: $2{,}5^{3,5}$ = x = 24,7053 (mit dem Taschenrechner ergibt sich x = 24,7052942201)

Dieses Beispiel zeigt, dass genaue Berechnungen früher schon ziemlich viel Mühe kosteten. Bevor es Taschenrechner gab, mussten sich Ingenieure und Wissenschaftler mit den Logarithmentafeln herumplagen, wenn die Genauigkeit des Rechenschiebers nicht ausreichte.

Da man heutzutage genaue Berechnungen mit Computern und Taschenrechnern durchführen kann, wäre es müßig, genaue Logarithmen berechnen zu wollen, mit denen dann genaue Berechnungen mit Bleistift auf Papier durchgeführt werden könnten.

7.2. Werte in den Zahlentafeln

Sämtliche Tabellenwerke, auch die Logarithmentafeln, mussten erst einmal von Hand oder mit Kurbelrechenmaschinen erstellt werden, bevor sie als Hilfsmittel für Berechnungen dienen konnten. Die Logarithmentafeln enthalten nicht nur die Logarithmen der reellen Zahlen, sondern auch die Logarithmen der trigonometrischen Funktionen Sinus, Kosinus, Tangens und Kotangens für die Winkel 0° bis 90°:

Sinus-Logarithmen **log(sin x)**,
Kosinus-Logarithmen **log(cos x)**,
Tangens-Logarithmen **log(tan x)**,
Kotangens-Logarithmen **log(cot x)**.
Beispiel:
log(sin 42°12') = **log** 0,671720589323 = -0,172811339669

Da in den Tabellen keine Vorzeichen erwünscht sind, wird zu den Logarithmenwerten jeweils die Zahl 10 addiert, sodass in der Tafel nicht: -0,17281, sondern 9,82719 steht.

Die entsprechende Stelle für dieses Beispiel mögen die Leser in nachfolgendem Auszug Bild 7 aus der Logarithmentafel (Quelle: Lit. [1]) selbst heraussuchen und nachvollziehen.

Bild 7: Auszug aus einer fünfstelligen Logarithmentafel: Logarithmen der trigonometrischen Funktionen

Min.	log sin	Diff.	log tang	Gem. Diff.	log cotg	Diff.	log cos	'	P. P.	
0	9. 82 551	14	9. 95 444	25	10. 04 556	11	9. 87 107	60		
1	9. 82 565	14	9. 95 469	26	10. 04 531	11	9. 87 096	59		
2	9. 82 579	14	9. 95 495	25	10. 04 505	11	9. 87 085	58		
3	9. 82 593	14	9. 95 520	25	10. 04 480	12	9. 87 073	57		
4	9. 82 607	14	9. 95 545	26	10. 04 455	11	9. 87 062	56		
5	9. 82 621	14	9. 95 571	25	10. 04 429	12	9. 87 050	55		
6	9. 82 635	14	9. 95 596	26	10. 04 404	11	9. 87 039	54		
7	9. 82 649	14	9. 95 622	25	10. 04 378	11	9. 87 028	53	**26**	**25**
8	9. 82 663	14	9. 95 647	25	10. 04 353	12	9. 87 016	52	1 0,4	0,4
9	9. 82 677	14	9. 95 672	26	10. 04 328	11	9. 87 005	51	2 0,9	0,8
10	9. 82 691	14	9. 95 698	25	10. 04 302	12	9. 86 993	50	3 1,3	1,2
11	9. 82 705	14	9. 95 723	25	10. 04 277	11	9. 86 982	49	4 1,7 1,7
12	9. 82 719	14	9. 95 748	26	10. 04 252	11	9. 86 970	48	5 2,2 2,1
13	9. 82 733	14	9. 95 774	25	10. 04 226	12	9. 86 959	47	6 2,6 2,5
	9. 82 747		9. 95 799		10. 04 201		9. 86 947		7 3,0 2,9
									8 3,5 3,3

An diesem Beispiel sieht man, dass die Benutzer einer Logarithmentafel sehr intensiv mitdenken mussten, wenn sie keinen Fehler machen wollten.

7.3. Wie werden die Werte für die Zahlentafeln berechnet?

Die in der Mathematik bekannten Reihenentwicklungen bilden die Grundlage für die Erstellung dieser Tabellenwerke. Diese Reihen benötigen zur Berechnung der Werte nur die vier Grundrechenarten.

1. Beispiel: Formel für die Berechnung eines Sinuswertes **sin x**

$$\sin x = x - \frac{x^3}{3!} + \frac{x^5}{5!} - \frac{x^7}{7!} + \dots - \dots$$

Erläuterung:
3! bedeutet $1 \cdot 2 \cdot 3 = 6$ und wird als **3-Fakultät** bezeichnet.
5! bedeutet $1 \cdot 2 \cdot 3 \cdot 4 \cdot 5 = 120$ und wird als **5-Fakultät** bezeichnet.
7! bedeutet $1 \cdot 2 \cdot 3 \cdot 4 \cdot 5 \cdot 6 \cdot 7 = 5040$ und wird als **7-Fakultät** bezeichnet.

Für x ist der Winkel im Bogenmaß (rad) einzugeben: 1 **rad** = $57{,}2957795131° = \frac{180°}{\pi}$.

Die Bogenlänge eines Kreisbogens mit dem Winkel von 1 **rad** entspricht genau der Länge des Radius.

Zum Beispiel wird der Winkel 30° als

$x = 30/57{,}2957795131 = 0{,}523598775598 \text{ rad } = \frac{\pi}{6}$ eingegeben.

Die Berechnung (hier nicht im Einzelnen ausgeführt) ergibt: **sin 30° = 0,5000000,** wenn man genügend Summanden berechnet.

2. Beispiel: Formel für die Berechnung des natürlichen Logarithmus $\ln x$ für $x > 0$.

$$\ln x = 2 \cdot \left[\frac{x-1}{x+1} + \frac{(x-1)^3}{3 \cdot (x+1)^3} + \frac{(x-1)^5}{5 \cdot (x+1)^5} + \ldots \right]$$

Erläuterung:

Aus dem natürlichen Logarithmus $\ln x$ (Basis e = 2,71828182846...) kann durch einfache Division durch den festen Wert $\ln 10$ = 2,30258509299... oder durch Multiplikation mit dem Kehrwert (1 / $\ln 10$) = 0,434294481904... der dekadische Logarithmus $\log x$ (Basis **10**) berechnet werden:

$$\log x = \ln x \cdot \frac{1}{\ln 10} = \ln x \cdot 0,434294481904$$

Zahlenbeispiel: Berechnung von $\ln 2$

a) Aus der Formel für $\ln x$ ergibt sich für $x = 2$ mit 7 berechneten Summanden:

$$\ln 2 = 2 \cdot \left[\frac{1}{3} + \frac{1}{3 \cdot 3^3} + \frac{1}{5 \cdot 3^5} + \frac{1}{7 \cdot 3^7} + \frac{1}{9 \cdot 3^9} + \frac{1}{11 \cdot 3^{11}} + \frac{1}{13 \cdot 3^{13}} \right]$$

$$= 2 \cdot \left[\frac{1}{3} + \frac{1}{81} + \frac{1}{1215} + \frac{1}{15309} + \frac{1}{177147} + \frac{1}{1948617} + \frac{1}{20726199} \right]$$

$$= 2 \cdot 0,346573585128 = 0,693147170256, \text{ aufgerundet } \mathbf{0,6931472}.$$

b) Auf dem Taschenrechner ergibt sich: $\ln 2$ = 0,69314718056, aufgerundet **0,6931472**.

c) Berechnung von $\log 2$ = 0,434294481904 · 0,6931472 = 0,30103.

Es gibt noch andere Wege zur Berechnung von Logarithmen, wie sie z. B. *Briggs* beschritten hat. Die gezeigten Beispiele mögen jedoch zur Veranschaulichung der Berechnung von Funktionswerten genügen.

Bei Computern und Taschenrechnern werden jedoch intern im Rechner-Chip zur Berechnung der genannten Funktionswerte speziell dafür optimierte schnelle Algorithmen eingesetzt, die hier nicht behandelt werden.

8. Der logarithmische Rechenschieber

8.1. Geschichtliches

Nicht nur bei der Entwicklung der Logarithmen, sondern auch bei den Rechenschiebern waren die Engländer führend. Als praktische Anwendung seiner Logarithmen stellte *Neper* (siehe oben) einen Rechenschieber in Form von Rechenstäbchen her.

Der Engländer *Edmund Gunter* (1561 - 1626) gab 1620 das Prinzip eines logarithmischen Rechenschiebers an. Die Längen wurden mit dem Zirkel abgegriffen. Wenige Jahre darauf bediente sich der Engländer *William Oughtred* (1574 - 1660) geradliniger und kreisförmiger aneinander gleitender Skalen, die den Zirkel überflüssig machten.

Um die Mitte des 17. Jahrhunderts verwendeten die Engländer *Edmund Wingate* (1593 - 1656) und *Set Partridge* einen Rechenschieber mit eingefügter Zunge, der bereits unseren neuzeitlichen Rechenschiebern sehr ähnlich war.

Gegen Ende des 19. Jahrhunderts begann die industrielle Massenproduktion von Rechenschiebern. Es gab auch Rechenschieber für besondere Zwecke, etwa für Kaufleute und Elektriker. Auch die Rechenscheiben gehören zu den Rechenschiebern, dort ist die Skalenlänge auf dem Umfang einer Scheibe angeordnet. Die Scheiben mit korrespondierenden Skalen sind im Mittelpunkt gegeneinander drehbar verbunden.

8.2. Beschreibung des Rechenschiebers

8.2.1. Das Prinzip der Streckenaddition

Die Funktionsweise des Rechenschiebers beruht auf der Addition oder Subtraktion von Strecken durch Aneinanderlegen von Skalen:

Bild 8: Prinzip des Rechenschiebers

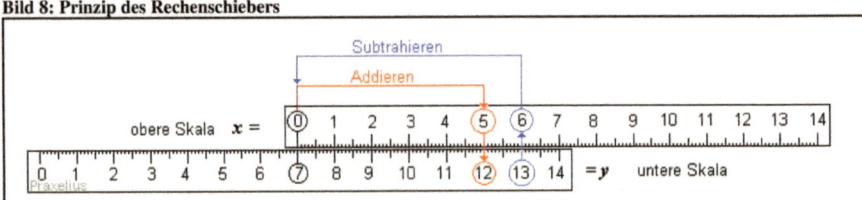

Beispiel für Addition: $7 + x = y$	In der Skizze ist der Anfang der oberen Skala mit der Null auf die **7** der unteren Skala eingestellt. Das ist der erste Summand. Nun wird auf der oberen Skala der zweite Summand $x = 5$ gewählt und gegenüber auf der unteren Skala die Summe $y = 12$ abgelesen. *Gegenüber den oberen Zahlen x ist an der unteren Skala die Summe $y = 7 + x$ abzulesen (im Bild oben ist $7 + 5 = 12$ dargestellt).*

Beispiel für Subtraktion: y - x = 7	Wenn man die Differenz **13 - 6** berechnen will, so stellt man über y = **13** der unteren Skala x = **6** der oberen Skala und geht auf der oberen Skala nach links bis zur **0**. Dort liest man an der unteren Skala das Ergebnis **7** ab. *Dem Wert y an der unteren Skala steht der Wert x der oberen Skala gegenüber. Für jedes dieser Zahlenpaare gilt die Differenz y - x = 7 (im Bild oben: **13** - **6** = **7** dargestellt)*

8.2.2. Bauweise des logarithmischen Rechenschiebers

Die Funktionsweise des logarithmischen Rechenschiebers beruht auf der Addition oder Subtraktion von Strecken durch **Aneinanderlegen logarithmischer Skalen**.

Der neuzeitliche Rechenschieber besteht aus einem „Körper" mit zwei fest verbundenen Skalenleisten, in deren Mitte eine „Zunge" mit korrespondierenden Skalen verschieblich angeordnet ist. Zum Merken der eingestellten Zahl dient ein „Läufer" mit einem dünnen senkrechten Strich und mehreren Hilfsmarkierungen.

Die Rechenschieber wurden in verschiedenen Größen hergestellt:

- Normaler Rechenschieber für den Arbeitsplatz mit Skalenlänge 25 cm,
- Taschenrechenschieber mit 12,5 cm Skalenlänge,
- großer Rechenschieber mit 50 cm Skalenlänge für „genauere" Berechnungen und als Vorführgerät beim Unterricht.

8.2.3. Die Rechenschieber-Systeme

Es gibt verschiedene Systeme, die sich nur durch die Art und Anordnung der Skalen oder durch die Bauweise (einseitig, doppelseitig) unterscheiden:

Tabelle 7: Rechenschieber-Systeme

„Darmstadt"	einseitiger technisch-wissenschaftlicher Rechenschieber,
„Rietz"	einseitiger technisch-wissenschaftlicher Rechenschieber (siehe Bild 9 unten)
„ARISTO-Studio"	doppelseitiger technisch-wissenschaftlicher Rechenschieber
andere Systeme	für Finanzberechnungen, Kaufleute, Spezialbereiche

Bild 9 zeigt den Rechenschieber des Systems "Rietz" der Firma Faber-Castell. Dieser hat eine Skalenlänge von 12,5 cm. Die Skalen S, T und ST befinden sich auf der Rückseite der Zunge, die herausgezogen und umgedreht eingesteckt werden kann. Die oberste Skala ist eine normale cm-Skala.

Der Läufer besteht aus Acrylglas. Die kurzen Hilfsstriche auf dem Läufer über den Skalen A/B und C/D und die Markierungen auf den Skalen C und D haben besondere mathematische Bedeutungen, die aber hier nicht erläutert werden.

Bild 9: Rechenschieber System „Rietz" mit 12,5 cm Skalenlänge

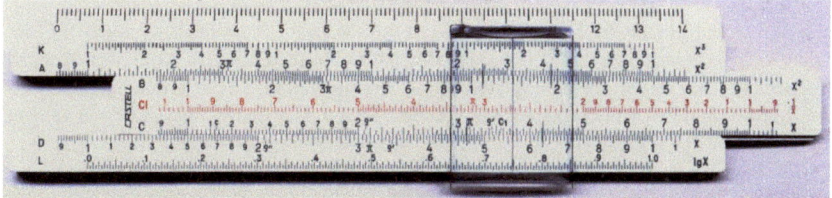

Bild 10 und Bild 11 zeigen den Rechenschieber Aristo-Studio Nr. 868 mit einer Skalenlänge von 12,5 cm:

Bild 10: Rechenschieber System „Aristo-Studio", mit 12,5 cm Skalenlänge, Vorderseite

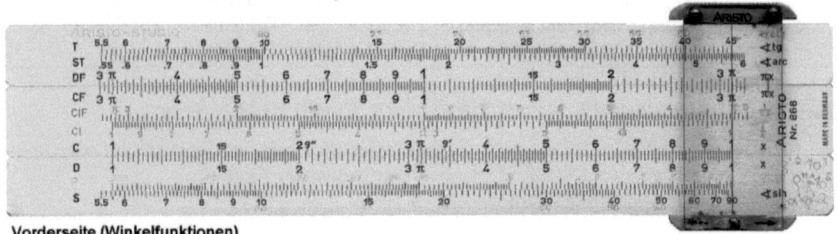

Vorderseite (Winkelfunktionen)

Bild 11: Rechenschieber System „Aristo-Studio", mit 12,5 cm Skalenlänge, Rückseite

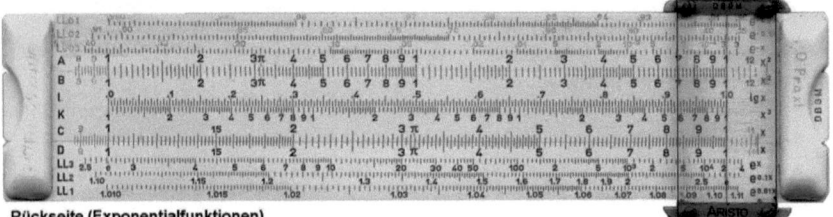

Rückseite (Exponentialfunktionen)

8.2.4. Die Skalen

Zu beachten ist, dass beim Rechenschieber auf den logarithmischen Hauptskalen A, B, C, CI (invers = $1/x$), D und K der Wert Null nicht vorkommt. Diese Skalen beginnen und enden mit dem Wert 1. Die Hauptskalen C, CI und D enthalten zwischen den beiden Einsen jeweils nur **einen** Zehnerpotenzbereich (z. B. 0,1 bis 1,0 oder 1 bis 10 oder 10 bis 100; usw.). Die Quadratskalen A und B enthalten **zwei** und die Kubikskala K enthält **drei** Zehnerpotenzbereiche.

Die Skala L ist gleichmäßig geteilt und läuft von 0,0 bis 1,0; an dieser kann der **log** x abgelesen werden.

An den Skalen S (Sinus 0,1 bis 1,0 für 5,7392° bis 90°), T (Tangens 0,1 bis 1,0 für 5,7106° bis 45°) und ST (Sinus-Tangens 0,01 bis 0,1 für 0,5729° bis 5,7392°; für kleine Winkel ist der Sinus annähernd gleich dem Tangens) kann man die Werte der Winkel ablesen.

Die doppelt-logarithmischen Skalen LL01 bis LL03 und LL1 bis LL3 gibt es nur auf den doppelseitigen Systemen. Sie ermöglichen Potenzberechnungen wie a^b oder $a^{1/b}$.

8.2.5. Einstellung des Rechenschiebers

In Bild 9 ist der Beginn der Skala C (Wert 1) ist auf die Zahl 1,5 der Skala D eingestellt (das ist die kleine 5 zwischen 1 und 2, in diesem Bereich ist nur die erste Ziffer nach dem Komma aufgedruckt). Mit dieser Einstellung können alle Multiplikationen $1,5 \cdot x$ durchgeführt werden, wenn man mit x auf der Skala C nach rechts wandert. Der Läufer steht auf $x = 3,73$. Auf der Skala D steht das Ergebnis von $1,5 \cdot 3,73 = 5,60$ unter dem Läuferstrich.

Auf der Skala A ist unter dem Läuferstrich $(1,5 \cdot 3,73)^2 = 31,30$ abzulesen (der rechte Teil der Skalen A und B ist die Dekade von 10 bis 100).

Von der Zungeneinstellung unabhängig ist die Beziehung zwischen der Skala D und L. Dort kann man z. B. den **log 2** ablesen: Für den Wert 2 auf der Skala D liest man den Wert 0,30 auf der Skala L ab. Genauere Ablesungen sind nicht möglich.

8.3. Die Anwendung des Rechenschiebers

8.3.1. Aufgaben

Ein Rechenschieber erfüllt zwei Aufgaben:

Erstens ersetzt er mit begrenzter Genauigkeit mathematische Tafeln und gibt die Mehrzahl der trigonometrischen Funktionen an. Bei einem Modell mit doppelt-logarithmischen Skalen (LL) lassen sich auch Exponentialfunktionen, Logarithmen und Potenzen ablesen.

Zweitens dient er als mechanisches Hilfsmittel zur Multiplikation und Division der eingestellten Skalenwerte. Dabei wird die linke Eins der Zunge auf den Skalenwert des Körpers gestellt und der Läufer auf den zweiten Wert an der Zunge geschoben.

Am Läuferstrich kann das Ergebnis der Multiplikation auf der Körperskala abgelesen werden. Falls die Werte über die Längen der Skalen hinausgehen, wird die Zunge nach links um die Skalenlänge durchgeschoben und die rechte Eins der Zunge als Anfang verwendet.

8.3.2. Das Ergebnis

Der Rechenschieber liefert nur das zahlenmäßige Ergebnis einer Berechnung, also die signifikanten Stellen ohne Stellenwert. Den Stellenwert muss der Anwender durch „Mitdenken" selbst ermitteln (siehe Bild 9). Auch hier ist wie beim Abakus viel Übung notwendig, um ihn perfekt zu beherrschen.

8.3.3. Früher unentbehrlich in Wissenschaft und Technik

Der Verfasser hat bei seinem Studienantritt, wie jeder andere Ingenieurstudent auch, eine fünfstellige Logarithmentafel Lit. [1] und einen Rechenschieber vorweisen müssen. Beide Hilfsmittel waren damals Voraussetzung für „höhere" Berechnungen.

Bei den Wissenschaftlern und Ingenieuren waren Rechenschieber noch bis etwa 1970 unentbehrliche Hilfsmittel bei Berechnungen, bis sie von den technisch-wissenschaftlichen Taschenrechnern abgelöst wurden. In guten Handbüchern der Mathematik (siehe Lit.[2], Seiten 71 bis 75) findet man noch eine genaue Beschreibung des logarithmischen Rechenschiebers und seiner Anwendung.

9. Addiator

Bild 12: Addiator

Ein Nachteil der logarithmischen Rechenschieber ist, dass damit keine Additionen und keine Subtraktionen ausgeführt werden können. Obwohl das Prinzip des Rechenschiebers auf der Addition von Strecken auf den Skalen beruht, so sind die Ablesungen der Skalen bei mehrstelligen Zahlen zu ungenau, selbst bei Verwendung einer Lupe.

Deshalb wurde neben dem Rechenschieber ein zweites Taschengerät, der Addiator, zu Addieren und Subtrahieren notwendig. Es besteht aus nebeneinanderliegenden, verschieblich angeordneten senkrechten Ziffernstreifen, die um die entsprechenden Werte nach oben unten geschoben werden.

Auch ein Übertrag zur nächsten Stelle ist möglich. Auf der Vorderseite wird addiert und auf der Rückseite subtrahiert. Im Prinzip ist der Addiator nichts anderes als ein Abakus mit Ziffernstreifen anstelle der Kugeln.

Dieses Gerät war früher neben dem Rechenschieber in der Tasche jedes Ingenieurs zu finden. Das Gerät des Verfassers ist in Bild 12 zu sehen (Vorderseite und Rückseite). Es zeigt deutliche Gebrauchsspuren.

10. Programmgesteuerte Rechenmaschinen

10.1.   *Geschichtlicher Überblick*

Tabelle 8: Überblick über die Entwicklung programmgesteuerter Maschinen

Jahreszahl	Ereignisse
1833	*Charles Babbage* (1791-1871) plante an der Universität Cambridge eine Maschine, bei der die Reihenfolge der einzelnen Rechenoperationen nicht mehr manuell, sondern durch nacheinander eingegebene Lochkarten (!) gesteuert werden sollte. Diese Maschine sollte nach der Idee des Erfinders einen Zahlenspeicher, ein Rechenwerk, eine Steuereinheit und einen Programmspeicher besitzen. Wegen der unzulänglichen technischen Möglichkeiten zur Herstellung dieser Maschine wurde sie nie funktionsfähig.
1847	*George Boole* (1815-1864) veröffentlichte seine mathematische Logik (Boolesche Algebra), die auf Leibniz' Dualsystem aufbaut und heute die Grundlage für die Entwicklung der logischen Schaltglieder der Digitaltechnik und vor allem der Rechner ist.
1886	*Hermann Hollerith* (1860-1929) entwickelte in den USA elektrisch arbeitende Zählmaschinen für Lochkarten. Der damals 20-jährige Diplomingenieur wurde (1880) Mitarbeiter bei der Volkszählung der USA und führte dort 1889 die **Lochkarte** als Zählkarte ein. Das Zählgerät (Volkszählungsmaschine) bestand aus einer Kontaktpresse mit Abtastplatte und einen Zähler für jeden Kontakt. Durch Schaltung waren logische Verknüpfungen möglich. Der Zeitaufwand für die Auswertung durch die Lochkarten konnte auf ein Achtel der vorher benötigten Zeit herabgesetzt werden. Die Lochkartentechnik wurde unmittelbarer Vorläufer der EDV. 1896 wurde die erste Firma gegründet, aus der 1910 die IBM hervorging.
1934	In Berlin begann der Bauingenieur *Konrad Zuse*, geboren 1910, mit der Planung einer programmgesteuerten Rechenmaschine für Aufgaben der Statik. 1937 war die **mechanische Anlage Z1** fertig. Sie arbeitete mit Dualcode und wurde über einen Lochstreifen gesteuert, auf dem das Programm stand.
1941	*Zuses* berühmte Z3 wurde 1941 fertig, die erste programmgesteuerte Rechenmaschine der Welt, eine **Relais-Maschine** mit 2000 Telefon-Relais. **Bild 13: Telefon-Relais, Länge ca. 7 cm**

Jahreszahl	Ereignisse
1943	Entwicklung des COLOSSUS (Röhrenmaschine) von *Turing* in England (Entschlüsselung von Funksprüchen). Das theoretische Prinzip der **Turing-Maschine** wurde später in der Informatik bedeutend.
1944	Fertigstellung von **MARK I** durch *Aiken* in Zusammenarbeit mit IBM in USA Daten der Maschine: Länge = 16 m, 3304 Röhren, 850 km Draht, 35 t Gewicht, Lochkartentechnik, Fernsprechzähler, keine zentrale Programmsteuerung, sondern Steuerung über zentrale Stecktafel (Schaltplatte), 72 Addierzählwerke, kein variabler Speicher, 60 Fixwertspeicher,
1946	Der Mathematiker *John von Neumann* (1903-1957) entwickelte die Prinzipien eines Universalrechners (Idee der Speicherprogrammierung: Darstellung von Befehlen, Operationen und Daten im gleichen Speicher).
1946	Fertigstellung der **ENIAC**, eines 30 t schweren mit 18000 Elektronenröhren und 1500 Relais bestückten Rechners (Kosten: 10 Millionen $), der 200 kW Anschlussleistung erforderte. Er arbeitete mit **BCD-Code**[1], also dem Dezimalsystem. Hauptproblem: Röhrenausfall alle paar Minuten.
1948	In Deutschland erstmals wieder Aktivität: *Walther*, Mathematik-Professor an der TH Darmstadt, entwickelte den Analogrechner **DERA** (Darmstädter Elektronische Rechen-Anlage) *Piloty* an der TH München, entwickelte **PERM** (1950 Programmgesteuerter Elektronischer Rechenautomat München),
1948	Erster russischer Rechner **BESM** mit 4000 Elektronenröhren (Speicherröhren), damals schnellster Rechner der Welt.
1948	Erfindung des **Transistors** auf der Basis der Halbleiter.
1951	Bau der **UNIVAC I** von Remington Rand Inc.
1954	Auslieferung des **IBM 650** Magnettrommelrechners

10.2. Der Aufbau der elektronischen Rechner

Durch die Erfindung des Transistors im Jahr 1948 wurde die Entwicklung der elektronischen Rechner sehr beschleunigt.

Der Transistor wird aus Halbleitermaterial (Germanium, Silizium) hergestellt. Das Wort „Halbleiter" gibt an, dass dieses Material den Strom nur „zum Teil" leitet (bzw. dass man die Leitfähigkeit beeinflussen kann), im Gegensatz zu den Metallen, die ihn gut leiten, und den Nichtleitern wie Porzellan und Gummi, die als Isolationsmaterial verwendet werden.

Die Beeinflussbarkeit der Leitfähigkeit von Halbleitermaterialien wird beim Transistor ausgenutzt.

Der Flächentransistor besteht aus drei Schichten von verschieden dotierten (mit anderen Elementen „verunreinigten") Halbleitermaterialien, die mit elektrischen Anschlüssen versehen sind.

---

[1] BCD = Binary Coded Decimalcode

Er kann als Verstärkerelement und als Schaltelement verwendet werden. Transistoren werden als Einzelbauteile (diskrete Bauteile) hergestellt und verwendet. Auch Bauelemente, die den Strom nur in einer Richtung leiten (Dioden), werden aus Halbleitermaterial hergestellt.

10.3. *Rechner mit integrierten Schaltkreisen*

Die Industrie hat gelernt, die drei Schichten, die für eine Transistorfunktion nötig sind, sehr dünn (durch Aufdampfen) herzustellen und damit Transistoren sehr klein zu fertigen. In den Schaltkreisen werden die Transistorfunktionen als elektronische Schalter verwendet.

Im Laufe der Entwicklung wurden immer mehr Transistoren sehr dicht auf eine Unterlage (Substrat) gepackt. Damit wurde eine Miniaturisierung möglich. Diese „integrierten Schaltungen" enthalten Millionen von Transistoren (Transistorfunktionen) und sind Grundlage der modernen Computertechnologie (Prozessor-Chips) geworden.

Folgende Tabelle zeigt die Entwicklungsstufen:

Tabelle 9: Entwicklung elektronischer Rechner

1954/55	Erster Transistorrechner **TRADIC** der Bell Telephone Laboratories (800 Transistoren) und **UNIVAC II** von Remington Rand Inc. mit 500 Transistoren.
1956	Erster Einsatz eines Röhrenrechners bei einer deutschen Behörde (BfA).
1957	Volltransistorisierte Rechenanlage SIEMENS 2002.
1959	Volltransistorisierte Rechenanlage von IBM.
1962	Erster Rechner von DEC.
1964	Erste Rechner**familien**: IBM 360, CD 3000, PDP 10, SIEMENS 4004, UNIVAC 9000, Eingabe immer noch durch Lochkarten.
1967	Erster Einsatz von Prozessrechnern.
1967/70	Großintegrierte Rechnerbausteine (Raumfahrt! Mondlandung!).
1971	Erster wissenschaftlicher Taschenrechner HP- 35 (Bild 16), Preis über 1000 DM.
1975	Rechnerfamilien CD Cyber, IBM 370, DEC 20, SIEMENS 7700, UNIVAC 90.
1976	Gründung von Zilog (μP: 8080, Z80).
1976	Erster 16-Bit-Mikroprozessor von Texas Instruments.
1978	Erste Heimcomputer auf der Basis der 8-Bit-Mikroprozessoren.
1979	Erstmals Computerabteilungen in den Kaufhäusern zum Absatz von Heimcomputern.
1983	Bei VW Einsatz von Montagerobotern.
1986	Mehrprozessor-Computer als Personal Computer, Durchsetzung eines gewissen Industriestandards bei PC-Anlagen (Prozessortypen 8086, 80186).
1987	Taschenrechner mit Solarstromversorgung (das Licht einer Kerze reicht aus, siehe Bild 14) in der Größe einer Scheckkarte mit den vier Grundrechenarten, einem Speicherregister, Wurzel- und Prozentrechnung für den Preis von weniger als 5 DM.
ab 1987	Komplexe Mikroprozessoren (80286, 80386, 80486, Pentium, K6, usw.) revolutionieren den Bau von kleinen und transportablen Computern (Desktop-, Laptop-, Notebook-, Palmtop-, Handheldmodelle, Smartphone, Tablett-PCs).

Die neuesten Entwicklungen werden hier nicht angegeben, da sie so zahlreich sind, dass ein dickes Buch erforderlich wäre, um sie zu beschreiben.

11. Elektronische Taschenrechner

11.1. Einfache elektronische Taschenrechner

Einfache elektronische Taschenrechner mit den 4 Grundrechenarten und der Wurzelfunktion gibt es schon für wenig Geld zu kaufen. Sie werden in verschiedenen Größen und Bauarten angeboten. Es sind so genannte Einchip-Rechner, bei dem sich alle Funktionen auf einem einzigen Chip befinden, der auf einer Platine zusammen mit Tastaturkontakten und LCD-Anzeige angebracht ist.

Bild 14 zeigt einen 8-stelligen Rechner in Größe einer Scheckkarte mit Solarstromversorgung (Solarzelle). Es reicht das Licht einer Kerze, um damit rechnen zu können (Größe: 54 × 84 mm, Dicke: 2,2 mm).

Bild 15 zeigt einen 8-stelligen Taschenrechner, der mit Solarzelle und Batterie (Dual Power) betrieben wird (Größe: 110 × 78 mm, Dicke einschließlich Klapptui: 13 mm).

Solche einfachen Taschenrechner werden heute kaum mehr angeboten, da die Taschenrechnerfunktionen meist in die Handys oder Smartphones eingebaut sind.

Bild 14: Taschenrechner in Scheckkartengröße

Bild 15: Einfacher Taschenrechner REX 361

11.2. Nicht-programmierbare Taschenrechner

Nicht-programmierbare wissenschaftliche Taschenrechner gibt es in vielen Formen und Ausstattungen von verschiedenen Firmen. Eine Aufzählung würde hier zu weit führen.

Der erste technisch-wissenschaftliche Taschenrechner, den der Verfasser im Jahr 1973 in die Hände bekam, war der HP-35 [6], Hersteller *Hewlett-Packard (HP)*. Der Rechner heißt so, weil er 35 Tasten hat (siehe Bild 16).

Bild 16: Taschenrechner HP 35

Es wunderte die Fachanwender, dass alle Funktionswerte (Logarithmen, Funktionswerte) auf Tastendruck mit zwölfstelliger Genauigkeit abzulesen waren. Das war eine Genauigkeit, die keine Logarithmentafel bot. Die Funktionswerte sind nicht etwa gespeichert, sondern werden auf Tastendruck mit einem speziellen schnellen Algorithmus im Rechner-Chip berechnet.

Die Programme (Routinen genannt) dafür sind intern fest gespeichert und werden per Tastendruck gestartet. Die oben genannten mathematischen Reihenentwicklungen wären viel zu langsam dafür. Intern im HP-35 werden die Ergebnisse mit 56 Bit Genauigkeit berechnet. Dabei ist die gesamte Elektronik mit den 3 integrierten Schaltungen und sonstigen Bauteilen nur 7×7 cm groß (siehe Bild 17).

Bild 17: Elektronik-Baustein für den HP-35-Taschenrechner

Bemerkenswert ist, dass nur die Rechnereinheit und der Speicher integrierte Bausteine sind, der Rest des Rechners besteht aus „diskreten" Bauteilen, das sind ganz normale im Handel erhältliche Bauteile, wie Widerstände, Kondensatoren, Transistoren, Induktivitäten (Spulen). Auch die Platine selbst ist noch sehr grob strukturiert, jede Leiterbahn ist zu sehen. Das ist die Herstellungstechnik der 1970er Jahre, bei der noch alle Lötstellen mit dem Lötkolben in der Hand hergestellt wurden.

Leider ist die mit Glühfäden ausgestattete 7-Segment-Anzeige bei Tageslicht schlecht abzulesen. Man muss sie mit der Hand abschatten.

Die Bedienungsanleitung des HP-35 ist auf der Rückseite des Taschenrechners aufgedruckt (siehe Bild 18), sie zeigt die einfache Handhabung und die Funktion des Stacks.

Bild 18: Funktion des automatischen Stacks beim HP-35

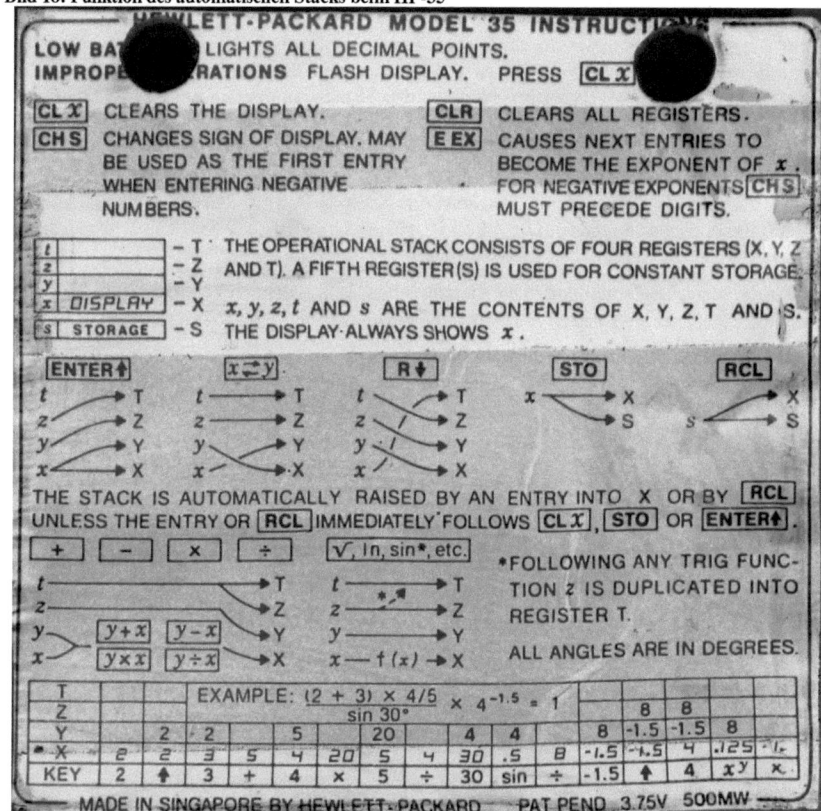

11.2.1. UPN und automatischer Stack

Der HP-35 verwendet die umgekehrte polnische Notation (UPN, englische Bezeichnung: RPN) in Verbindung mit einem automatischen Stack (Kellerspeicher, Stapel), bei der zuerst die Zahlen in die Register des Stacks eingegeben werden, bevor die Funktionstaste gedrückt wird. Die Addition 3 + 5 wird über die vier Tasten

3 ENTER 5 +

eingegeben. Sofort nach dem Drücken der Funktionstaste [+] wird das Ergebnis angezeigt. Bei weiteren Additionen wird nur die nächste Zahl eingegeben und die entsprechende Funktionstaste gedrückt.

Der automatische Stack des HP-35 zusammen mit der UPN ermöglicht Kettenrechnungen ohne separate Zwischenspeicherungen.

Dem Prinzip UPN mit automatischem Stack blieb HP auch bei den nachfolgenden Modellen treu (siehe Bild 20). Mit UPN (englisch: RPN) kann man nach einiger Übung wesentlich schneller rechnen als mit der sonst üblichen algebraischen Notation.

11.2.2. Algebraische Notation

Die meisten Fabrikate der wissenschaftlichen Taschenrechner arbeiten mit algebraischer Notation. Kennzeichen dieser Notation ist die Berechnung, die man auch vom allgemeinen Rechnen kennt. Bei der algebraischen Notation drückt man bei obigem Beispiel folgende Tasten:

$\boxed{3}\boxed{+}\boxed{5}\boxed{=}$

Bild 19 zeigt den TI-89 von Texas Instrument und den LCD-8110 von Olympia. Beide rechnen mit algebraischer Notation. Der TI-89 ist programmierbar, auf dem Bildschirm können Grafiken dargestellt werden. Der LCD-8110 ist nicht programmierbar.

Bei der algebraischen Notation gibt es Klammerebenen für Kettenrechnungen. Auf den Tastaturen dieser Rechner sind Tasten für die Klammerfunktionen $\boxed{(}$ und $\boxed{)}$ vorhanden.

Bild 19: Wissenschaftliche Taschenrechner TI-89 und LCD-8110

11.3. Programmierbare Taschenrechner

Die modernen Taschenrechner der verschiedenen Hersteller sind inzwischen so weit entwickelt, dass sie frei programmierbar sind, Gleichungslöser enthalten, Integral- und Differentialrechnung beherrschen, mit frei definierbaren Variablen, Matrizen und komplexen Zahlen rechnen können und die Ergebnisse numerisch oder graphisch auf einem Flüssigkristall-Bildschirmchen (LCD, Größe z. B. 131 × 80 Pixel) ausgeben können. Sie enthalten eine Uhr und können zeitgesteuert Programme starten und abarbeiten. Man kann Drucker und PC daran anschließen und das Betriebssystem des Taschenrechners durch Updates aus dem Internet aktualisieren.

Beispiele dafür sind der TI-89 von *Texas Instruments* (Bild 19) und die Taschenrechner HP 49G, HP 49g+ und HP 50g von *Hewlett-Packard*, die in Bild 20 zu sehen sind (siehe auch das Buch des Verfassers, Lit. [9]). Bei den HP-Taschenrechnern kann man die Notation umschalten von algebraischer Notation zu UPN.

Diese Geräte bieten alle mathematischen Funktionen und programmiertechnischen Möglichkeiten, um genaue Berechnungen des Wissenschaftlers oder Ingenieurs ohne großen Aufwand programmieren und durchführen zu können. Sie können über ein Kabel an das PC-System angeschlossen werden.

Allerdings hat die Bedienungsanleitung nicht mehr auf der Rückseite Platz, wie auf Bild 18 für den HP-35 zu sehen, sondern füllt mehrere dicke Handbücher.

Bild 20: Wissenschaftliche Grafik-Taschenrechner HP 49G, HP 49g+ und HP 50G

Betrachtet man das Innere des HP 49G auf Bild 21, so ist gegenüber Bild 17 festzustellen, dass hier wesentlich mehr integrierte Bauteile enthalten sind und auch die Leiterbahnen auf der Platine so feingliedrig angelegt sind, dass niemand auf die Idee kommt, einen Reparaturversuch zu unternehmen, dieser wäre zum Scheitern verurteilt (siehe auch Lit. [9], dort ab Seite 24).

Bild 21: Innenseite des HP 49G

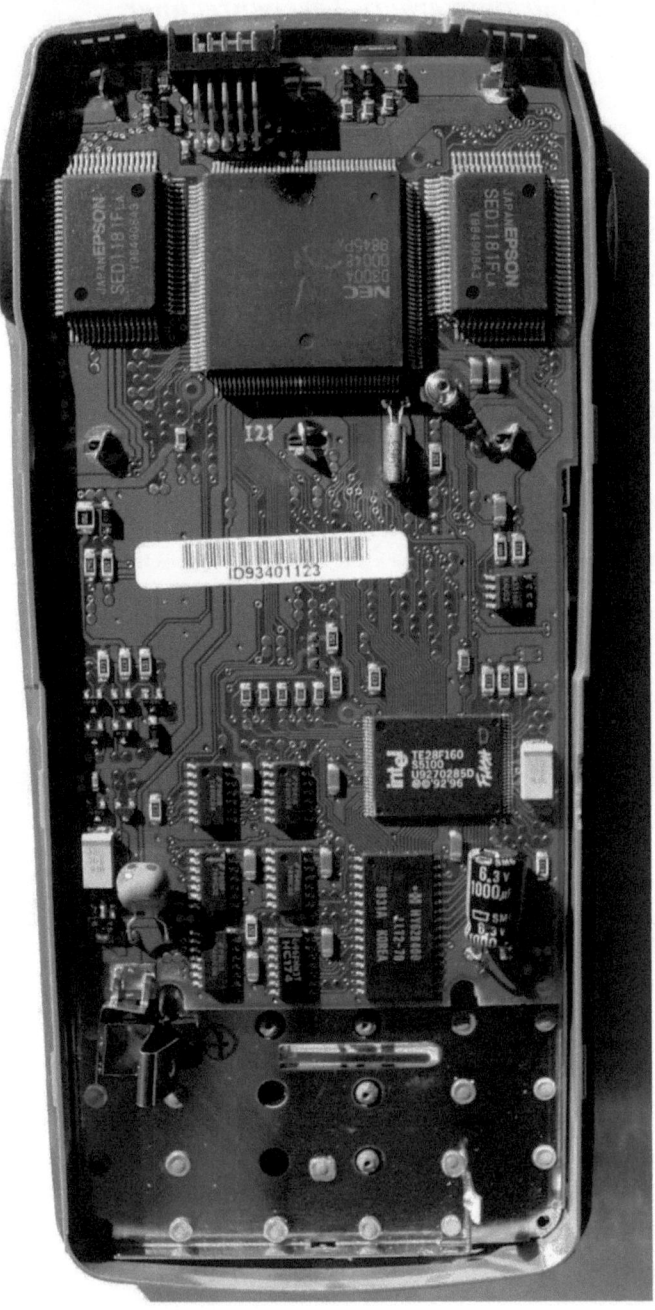

11.4. Genauigkeit der Berechnungen

11.4.1. Signifikante Stellen

Wissenschaftliche Berechnungen (Astronomie, Ingenieurwissenschaften) sind mit ausreichend vielen signifikanten Stellen (Ziffern) durchzuführen. Signifikant sind die Ziffern (engl.: *digits*), die übrig bleiben, wenn bei einer Zahl die vorderen und hinteren Nullen weggestrichen werden, das Komma wird nicht gezählt. Die Nullen zwischen den Ziffern zählen aber mit.

Zahlenbeispiele mit 12 signifikanten Stellen:

$$0,000000001234560007890000 = 1,23456000789 \cdot 10^{-9};$$
$$100,23450678900 = 1,00234506789 \cdot 10^{2}.$$

Die in Bild 20 abgebildeten Taschenrechner verwenden für reelle Zahlen 12 signifikante Stellen. Diese Genauigkeit ist für die meisten Berechnungen ausreichend.

11.4.2. Reelle Zahlen (Kommazahlen)

Ein HP-Taschenrechner rechnet mit reellen Zahlen x im Bereich ($10^{-500} < |x| < 10^{500}$), allerdings immer nur mit 12 signifikanten Stellen.

Bei Verwendung einer externen Programmbibliothek für lange Dezimalzahlen (z. B. *long float library*[2] L 902 von *Gjermund Skailand*) können diese Rechner mit beliebig einstellbarer Genauigkeit der reellen Zahlen (Dezimalzahlen) arbeiten. Ergebnisse mit vielen hundert signifikanten Stellen sind möglich.

Z. B: ist hier die Zahl $\sqrt{3}$ mit 59 Kommastellen zu sehen, berechnet mit *long float* auf einem HP-Taschenrechner:

$$\sqrt{3} = 1,73205080756887729352744634150587236694280525381038062805 58\dots$$

Diese Zahl ist auf dem Bildschirm des Taschenrechners nur dann vollständig zu sehen, wenn sie gescrollt, also in der Anzeige nach links oder rechts geschoben wird.

11.4.3. Ganze Zahlen (Integerzahlen)

Die eingebaute erweiterte Ganzzahlarithmetik der HP-Taschenrechner ermöglicht ohne zusätzliche Programmbibliotheken Berechnungen mit vielen tausend Ziffern bei **ganzen Zahlen** (engl.: *integer*).

Z. B. kann die Zahl 7^{20000} = **9136929735675 8289749…5109206302561 2000001** mit insgesamt 16902 Ziffern mit dem Taschenrechner berechnet werden. Von dieser langen Zahl sind hier nur die ersten zwanzig und die letzten zwanzig Ziffern hier wiedergegeben. Auch hier kann die Zahl gescrollt werden, sodass alle Ziffern auf dem Bildschirm leicht gelesen werden können.

Diese Beispiele beweisen, dass mit diesen Taschenrechnern alle mathematischen Berechnungen mit ausreichender Genauigkeit durchgeführt werden können.

---

[2] Zu finden im Internet unter www.hpcalc.org/hp49/math/numeric/

11.4.4. Rundung von Zahlen

Es hat keinen Sinn, bei den Ergebnissen einer Berechnung zu viele Stellen „mitzuschleppen", die für ein vernünftiges Ergebnis nicht notwendig sind. Ein Anwender sollte sich immer fragen, wie genau ein Ergebnis sein kann, schon von den Eingabewerten her.

Wenn die Eingabewerte schon in der fünften oder sechsten Kommastelle ungenau sind, hat es keinen Sinn, die anderen beteiligten Variablen oder Konstanten hochgenau einzusetzen.

Wenn im Ergebnis mehr signifikante Stellen als nötig vorhanden sind, dann wird die Zahl auf die gewünschte Stellenzahl gerundet.

12. Schlusswort

Das Streben nach Erleichterung von Berechnungen brachte im Laufe der vergangenen Jahrhunderte verschiedene Hilfsmittel hervor. Einige davon wurden in diesem Beitrag vorgestellt. Es gab noch viele andere Entwicklungen, die sich nicht durchsetzten oder in Vergessenheit gerieten.

Auch die Genauigkeit des Ergebnisses war für den Erfolg einer Methode ausschlaggebend.

Der Abakus und die Kurbelrechenmaschinen rechnen in Rahmen der vorhandenen Stellenzahl beim Addieren und Subtrahieren genau.

Bei den Logarithmen hängt die Genauigkeit der Berechnung von deren Stellenzahl der Logarithmen ab.

Beim Rechenschieber sind die Ergebnisse nur auf drei oder vier signifikante Stellen genau. Für die Berechnungen eines Ingenieurs genügte diese Genauigkeit, weil z. B. bei statischen Berechnungen die Werte für die Belastungen von Bauwerken ohnehin nur vorgeschriebene Annahmen waren, die mit höchstens drei signifikanten Stellen angegeben wurden.

Beim Taschenrechner wird meist intern mit höheren Stellenzahlen gerechnet und nur der gerundete Wert ausgegeben.

Die programmierbaren Computer (wissenschaftliche Taschenrechner, PC, Großrechner) ermöglichen beliebige Genauigkeit je nach Bauart, Programmierung und Berechnungsmethode (hochgenaue Berechnungen durch HGN-Algorithmen oder longfloat-Routinen).

Amateurastronomen, zu denen sich der Verfasser zählt, hatten früher mit dem Rechenschieber, der Logarithmentafel und der Kurbelrechenmaschine keine Chance, Bahnen und Positionen von Planeten für einen bestimmten Zeitpunkt auch nur annähernd auszurechnen. Mit den modernen wissenschaftlichen Taschenrechnern eröffneten sich ab dem Jahre 1970 Berechnungsmöglichkeiten, die früher nicht einmal den Berufsastronomen zur Verfügung gestanden hatten. Siehe auch dazu das Buch des Verfassers „Berechnungsgrundlagen für Amateurastronomen" Lit. [8].

13. Quellenangaben

[1]	*Schaefer, Werner*, **Fünfstellige Logarithmen und Zahlentafeln**, J. Lindauer Verlag (Schaefer), München, 1957.
[2]	*Gellert, Walter*, **Handbuch der Mathematik**, Buch und Zeit Verlagsges.m.b.H, Köln, 1972. Die geschichtlichen Angaben über Logarithmen und Rechenschieber im Text stammen aus diesem Buch.
[3]	Bedienungsanleitung des **Abakus**: Copyright 1972, Robert Oscar Meier & Co, Bremen, 9. Auflage.
[4]	Bedienungsanleitung der **Walther-Rechenmaschine**: Walther-Büromaschinen GmbH, Niederstotzingen/Württemberg, 1963.
[5]	Bedienungsanleitung des **Addiators**: Rechenmaschinenfabrik C. Kübler, Berlin-Charlottenburg 2, Leibnizstraße 33, 1960.
[6]	Hewlett-Packard GmbH, Frankfurt, 1973.
[7]	*Naumann, Friedrich*, **Vom Abakus zum Internet**, Untertitel „Die Geschichte der Informatik", Primus-Verlag, Lizenzausgabe 2001 für die Wissenschaftliche Buchgesellschaft, Darmstadt, Bestellnummer 15009-0
[8]	*Praxl, Otto*, **Berechnungsgrundlagen für Amateurastronomen**, 2016, GRIN Verlag, E-Book ISBN 978-3-668-16525-0 Printausgabe ISBN 978-3-668-16526-7
[9]	*Praxl, Otto*, **Wissenschaftliche HP-Taschenrechner im praktischen Einsatz**, 2015, GRIN Verlag E-Book ISBN 978-3-656-18641-0 Printausgabe ISBN 978-3-668-05221-5

14. Bilderverzeichnis

15. Sachregister

A

B

D

E

F

G

H

K

L

M

N

O

P

Q

S